Alexander Zanabili

Bertrands Postulat. Obere Schranken für das Intervall zwischen zwei aufeinander folgenden Primzahlen

GRIN Verlag

Bibliografische Information der Deutschen Nationalbibliothek:

Die Deutsche Bibliothek verzeichnet diese Publikation in der Deutschen National-
bibliografie; detaillierte bibliografische Daten sind im Internet über http://dnb.d-
nb.de/ abrufbar.

Impressum:

Copyright © 2001 GRIN Verlag GmbH
Druck und Bindung: Books on Demand GmbH, Norderstedt Germany
ISBN: 978-3-656-93644-2

Dieses Buch bei GRIN:

http://www.grin.com/de/e-book/287704/bertrands-postulat-obere-schranken-fuer-
das-intervall-zwischen-zwei-aufeinander

GRIN - Your knowledge has value

Der GRIN Verlag publiziert seit 1998 wissenschaftliche Arbeiten von Studenten, Hochschullehrern und anderen Akademikern als eBook und gedrucktes Buch. Die Verlagswebsite www.grin.com ist die ideale Plattform zur Veröffentlichung von Hausarbeiten, Abschlussarbeiten, wissenschaftlichen Aufsätzen, Dissertationen und Fachbüchern.

Besuchen Sie uns im Internet:

http://www.grin.com/

http://www.facebook.com/grincom

http://www.twitter.com/grin_com

Mathematisches Institut der Universität Heidelberg
Proseminar über Zahlentheorie, Geometrie, Analysis

Referent:
Alexander Zanabili

Literatur:
Aigner, M. und Ziegler G. M.: *Proofs from the book*. Springer Berlin Heidelberg 1998
Hardy, Wright: *Zahlentheorie*

Bertrands Postulat

Im folgenden geht es um die oberen Schranken für das Intervall zwischen zwei aufeinander folgenden Primzahlen $[p_r, p_{r+1}]$. Joseph Bertrand formulierte sein berühmtes Postulat, daß zwischen einer beliebigen natürlichen Zahl und ihrem Doppelten mindestens eine Primzahl liegt, konnte es jedoch nur empirisch verifizieren bis $n < 3\ 000\ 000$. Für alle natürlichen Zahlen wurde der Satz erstmals 1850 von Pafnuty Tschebyschef und eleganter 1919 von Shinivasa Ramanujan bewiesen. Paul Erdös fand 1932 ebenfalls einen schlichten Beweis mit Mitteln der elementaren Zahlentheorie. Der folgende Beweis geht hierauf zurück.

Satz (Bertrands Postulat). Für alle natürlichen Zahlen $n \geq 1$ gibt es eine Primzahl p mit $n < p \leq 2n$. Äquivalent: Sei p_r eine beliebige Primzahl und p_{r+1} ihr direkter Nachfolger. Dann ist $2p_r > p_{r+1}$.

Beweis. Die Idee dieses indirekten Beweises über vollständige Induktion ist, den Binomialkoeffizienten $\binom{2n}{n}$ abzuschätzen. Enthielte dieser Binomialkoeffizient keine Primfaktoren, entstünde ein Widerspruch.

(1) Für $n < 4000$ gilt der Satz. Mit "Landaus Trick" verifiziert man, daß

$$2, 3, 5, 7, 13, 23, 43, 83, 163, 317, 631, 1259, 2503, 4001$$

eine Folge von Primzahlen ist, so daß jede kleiner als das Doppelte ihrer Vorgängerin ist. Daher enthält auch jedes Intervall $\{y: n < y \leq 2n\}$ mit $n < 4000$ eine dieser Primzahlen.

(2) Es gilt:
$$\prod_{p \leq x} p \leq 4^{x-1} \text{ für alle } x \geq 2, x \in R \qquad (\star_1)$$

Sei q die größte Primzahl mit $q \leq x$, so ist

$$\prod_{p \leq x} p = \prod_{p \leq q} p \text{ und } 4^{q-1} \leq 4^{x-1}.$$

Für $q=2$ ist $(\star_1)$ offenbar richtig. Betrachten wir Primzahlen der Form $q = 2m+1$. Man überlegt sich:

$$\prod_{p \leq 2m+1} p = \prod_{p \leq m+1} p \cdot \prod_{m+1 < p \leq 2m+1} p \leq 4^m \binom{2m+1}{m} \leq 4^m 2^{2m} = 4^{2m}.$$

$\prod_{p \leq m+1} p \leq 4^m$ gilt nach Induktion. Und $\prod_{m+1 < p \leq 2m+1} p \leq \binom{2m+1}{m}$ folgt aus der Überlegung, daß

$$\binom{2m+1}{m} = \frac{(2m+1)!}{m!(m+1)} \in Z,$$

1

wobei die Primzahlen mit m+1< p $\leq$ 2m+1 alle im Zähler, aber nicht alle im Nenner auftreten. Schließlich

gilt wegen $\begin{pmatrix} n \\ k \end{pmatrix} = \begin{pmatrix} n \\ n-k \end{pmatrix}$ (Symetrie), daß $\begin{pmatrix} 2m+1 \\ m \end{pmatrix} \leq 2^{2m}$, denn $\begin{pmatrix} 2m+1 \\ m \end{pmatrix}$ und $\begin{pmatrix} 2m+1 \\ m+1 \end{pmatrix}$ sind zwei

(gleiche !) Summanden von $\sum_{k=0}^{2m+1} \begin{pmatrix} 2m+1 \\ k \end{pmatrix} = 2^{2m+1}$.

(3) Als nächstes überlegt man sich, wie die Primfaktorzerlegung von $\begin{pmatrix} 2n \\ n \end{pmatrix} = \dfrac{(2n)!}{n!\,n!}$ aussieht. Die

Zahlen 1, 2, ..., n enthält den Primfaktor $p \in P$ genau $\left\lfloor \dfrac{n}{p} \right\rfloor$ mal, p^2 genau $\left\lfloor \dfrac{n}{p^2} \right\rfloor$ mal usw., deshalb enthält

n! den Primfaktor $p \in P$ insgesamt $\sum_{k \geq 1} \left\lfloor \dfrac{n}{p^k} \right\rfloor$ mal (diese Überlegung geht auf Legendre zurück). Also

enthält $\begin{pmatrix} 2n \\ n \end{pmatrix} = \dfrac{(2n)!}{n!\,n!}$ den Primfaktor p genau

$$\sum_{k \geq 1} \left(\left\lfloor \dfrac{2n}{p^k} \right\rfloor - 2 \left\lfloor \dfrac{n}{p^k} \right\rfloor \right) \text{ mal.} \qquad (\ast_2)$$

Da $\left(\left\lfloor \dfrac{2n}{p} \right\rfloor - 2 \left\lfloor \dfrac{n}{p} \right\rfloor \right) < \dfrac{2n}{p} - 2 \left(\dfrac{2n}{p} - 1 \right) = 2$ ist und außerdem eine ganze Zahl, ist jeder Summand in

der runden Klammer von $(\ast_2)$ höchstens gleich 1. Und der gleiche Summand ist 0 für alle p^k<2n. Daher ist

p in $\begin{pmatrix} 2n \\ n \end{pmatrix}$ genau $\sum_{k \geq 1} \left(\left\lfloor \dfrac{2n}{P} \right\rfloor - 2 \left\lfloor \dfrac{n}{P} \right\rfloor \right) \leq \max\{r: p^r \leq 2n\}$ mal enthalten. In Worten: für die größte Potenz

von p mit $r \mid \begin{pmatrix} 2n \\ n \end{pmatrix}$ gilt $p^r \leq$ 2n. Insbesondere kommt ein p mit p> $\sqrt{2n}$ höchstens einmal in $\begin{pmatrix} 2n \\ n \end{pmatrix}$ vor.

Das Schlüsselargument des Beweises, so Paul Erdös, liegt nun darin, daß Primzahlen mit $\tfrac{2}{3}$ n<p<n

überhaupt nicht Teiler von $\begin{pmatrix} 2n \\ n \end{pmatrix}$ sind. Denn 3p>2n heißt, daß p und 2p die einzigen Vielfachen im Zähler

von $\dfrac{(2n)!}{n!\,n!}$ sind, während p^2 im Nenner enthalten ist.

(4) Nun schätzen wir $\begin{pmatrix} 2n \\ n \end{pmatrix}$ ab.

$$\dfrac{4^n}{2n} \leq \begin{pmatrix} 2n \\ n \end{pmatrix} \leq \prod_{p \leq \sqrt{2n}} p \cdot \prod_{\sqrt{2n} < p \leq 2n/3} p \cdot \prod_{n < p \leq 2n} p$$

Dabei wird eine Abschätzung der unteren Schranke von $\binom{2n}{n}$ gebraucht (siehe "Nachtrag:

Abschätzungen").

Da es nicht mehr als $\sqrt{2n}$ Primzahlen $p \leq \sqrt{2n}$ gibt, folgt

$$4n \leq (2n)^{1+\sqrt{2n}} \cdot \prod_{\sqrt{2n}<p<2n/3} p \cdot \prod_{n<p\leq 2n} p \quad \text{für } n \geq 3 \qquad (\star_3)$$

(5) Unter Zuhilfenahme der obigen Abschätzungen nehmen wir nun an, es gebe für gewisse n>4000 keine Primzahl, die Bertrands Postulat genügt. Dann ist das zweite Produkt von ($\star_3$) = 1. Setzt man ($\star_1$), also

$\prod_{p\leq x} p \leq 4^{x-1}$, in ($\star_3$) ein, so erhält man

$$4n \leq (2n)^{1+\sqrt{2n}} \cdot 4^{(2n)/3} \quad \text{bzw. } 4^{n/3} \leq (2n)^{1+\sqrt{2n}}, \qquad (\star_4)$$

was für genügend große n falsch wird.

Nimmt man die Überlegung a+1<2^a für alle a$\geq$2 zuhilfe, erhält man:

$$2n=(\sqrt[6]{2n})^6<(\sqrt[6]{2n}+1)^6<2^{6\lfloor\sqrt[6]{2n}\rfloor}\leq 2^{6\sqrt[6]{2n}}$$

$$(\star_5)$$

daher erhält man für n $\geq$50 (und damit 18<2$\sqrt{2n}$) erhält man mit ($\star_4$) und ($\star_5$)

$$2^{2n} \leq (2n)^{3(1+\sqrt{2n})}<2^{\sqrt[6]{2n}(18+18\sqrt{2n})}<2^{20\sqrt[6]{2n}\sqrt{2n}}=2^{20\,(2n)^{2/3}}$$

Das bedeutet (2n)1/3<20, also n<4000, was im Widerspruch zu unserer Annahme steht.

q.e.d.

Nachtrag: Abschätzungen

I. Abschätzung einer harmonischen Zahl $H_n = \sum_{k=1}^{n} \frac{1}{k}$ **mittels Integralen:**

Die harmonische Funktion läßt sich als eine Treppenfunktion auffassen mit äquidistanten Abschnitten der

Länge 1. Betrachte die Abbildung h[1,n] $\to$ R, k $\mapsto$ $\sum_{k=1}^{n}\frac{1}{k}$; h(k) ist konstant auf den natürlichen

Teilintervallen. Nun veranschaulicht man sich die nachfolgenden Überlegungen mithilfe eines Graphen (siehe Aigner und Ziegler 1998: 10). Es gilt

$$H_{n-1}=\sum_{k=2}^{n}\frac{1}{k}<\int_{1}^{n}\frac{1}{t}dt=\log n$$

Das erhält man, indem man den Graphen von f(t) = $\frac{1}{t}$ (1$\leq$t$\leq$n) mit der Fläche der "unteren Treppe"

vergleicht. Weiter erhält man

$$H_n-\frac{1}{n}=\sum_{k=1}^{n-1}\frac{1}{k}<\int_{1}^{n}\frac{1}{t}dt=\log n,$$

indem man den Graphen von f(t) = $\frac{1}{t}$ (1$\leq$t$\leq$n) mit der Fläche der "oberen Treppe" vergleicht. Also

3

$$\log n + \frac{1}{n} < H_n < \log n + 1.$$

Für den Grenzwert ferner, daß die harmonische Reihe und der Logarithmus von n asymptotisch gleich sind:

$$\lim_{n \to \infty} H_n \to \infty \quad \text{und} \quad \lim_{n \to \infty} \frac{H_n}{\log n} = 1$$

II. Abschätzung der Fakultät $n!$ und die *Stirlingsche Formel*

In analoger Weise läßt sich die Fakultät abschätzen. Wegen der Funktionalgleichung des Logarithmus

$$\log(n!) = \log 2 + \log 3 + \dots + \log n = \sum_{k=2}^{n} \log k$$

gilt:

$$\log((n-1)!) < \int_{1}^{n} \log t\, dt < \log(n!)$$

Denn das Integral ist

$$\int_{1}^{n} \log t\, dt = [t\log t - t]\,_{1}^{n} = n\log n - n + 1$$

$$(\star)$$

Man wende die Exponentialfunktion auf beiden Seiten der rechten Ungleichung von ($\star$) an, und erhält:

$$n! > \exp(n\log n - n + 1) = \exp\left(\frac{n}{e}\right)^{n} \qquad \text{(untere Abschätzung)}$$

und

$$n! = n(n-1)! < ne\left(\frac{n}{e}\right)^{n} \qquad \text{(obere Abschätzung)}.$$

Die Geschwindigkeit des Wachstums von $n!$ läßt sich mithilfe der *Stirlingschen Formel* ausdrücken:

$$n! \sim \sqrt{2\pi n}\ \left(\frac{n}{e}\right)^{n}$$

III. Abschätzung von Binomialkoeffizienten:

$\binom{n}{k}$ ist die Anzahl von k-Teilmengen einer n-Menge. Daraus folgt

a) $\sum_{k=2}^{n} \binom{n}{k} = (1+1)^{n} = 2^{n}$

b) $\binom{n}{k} = \binom{n}{n-k}$ (Symetrie)

die Funktionalgleichung $\binom{n}{k} = \frac{n-k+1}{k} \binom{n}{k-1}$ läßt ersehen, daß die Binomialkoeffizienten $\binom{n}{k}$ eine symmetrische und eindeutige Folge bilden:

4

$$1 := \binom{n}{0} < \binom{n}{1} < \ldots < \binom{n}{\lfloor n/2 \rfloor} = \binom{n}{\lceil n/2 \rceil} > \binom{n}{n} = 1$$

Also $\binom{n}{k} \leq = 2^n$ für alle k und $\binom{n}{n/2} \geq \dfrac{2^n}{n}$ für n≥2. Für n≥1 gilt $\binom{2n}{n} \geq \dfrac{4^n}{2n}$. Denn das arithmetische

Mittel ist $\dfrac{2^n}{n}$.

Eine obere Schranke wird folgendermaßen abgeschätzt:

$$\binom{n}{k} = \frac{n(n-1)\ldots(n-k+1)}{k} \leq \frac{n^k}{k!} \leq \frac{n^k}{2^{k-1}} \ .$$

Das ist eine gute Abschätzung bei großen n für die kleinen vorderen bzw. hinteren Binomialkoeffizienten.